FORSCHUNGSBERICHTE DES LANDES NORDRHEIN-WESTFALEN

Nr. 1144

Herausgegeben

im Auftrage des Ministerpräsidenten Dr. Franz Meyers

von Staatssekretär Professor Dr. h. c. Dr. E. h. Leo Brandt

DK 538.114
621.3.083.2
669.112.228.1

Prof. Dr. phil. Heinz Bittel

Dr. rer. nat. Karl August Hempel

Institut für Angewandte Physik der Universität Münster

Untersuchungen zur ferrimagnetischen Resonanz an Ferriten bei 10 und 24 GHz

WESTDEUTSCHER VERLAG · KÖLN UND OPLADEN 1963

ISBN 978-3-663-03956-3   ISBN 978-3-663-05145-9 (eBook)
DOI 10.1007/978-3-663-05145-9

Verlags-Nr. 011144

Gesamtherstellung · Westdeutscher Verlag

Inhalt

1. Die ferromagnetische Resonanz in magnetisch isotropen Stoffen 7

2. Ferrimagnetische Resonanz 11

3. Einfluß der Probengröße auf die Resonanzerscheinungen 12

4. Resonanz in polykristallinen Ferriten 13

5. Meßverfahren 15

6. Diskussion der Meßergebnisse 18

7. Zusammenfassung 26

8. Literaturverzeichnis 27

1. Die ferromagnetische Resonanz in magnetisch isotropen Stoffen

Legt man an eine ellipsoidförmige Probe eines isotropen ferromagnetischen Materials ein genügend starkes magnetisches Gleichfeld $\vec{H}$ in Richtung einer Hauptachse an, so stellen sich im statischen Gleichgewicht alle atomaren magnetischen Momente in die Richtung von $\vec{H}$ ein, d. h. die Probe ist magnetisch gesättigt. Wird das Gleichgewicht durch eine momentane Auslenkung der magnetischen Momente aus ihrer Ruhelage geringfügig gestört, so führen diese, da sie einen Drehimpuls besitzen, eine Präzession um die Gleichgewichtslage aus. Amplitude und Phase der Präzession sind im allgemeinen von Ort zu Ort innerhalb der Probe verschieden. Die Präzessionsfrequenz hängt von dem Richtmoment (Drehmoment/Auslenkungswinkel) ab, mit dem die Momente an ihre Ruhelage gebunden sind. Für das Richtmoment ist neben dem äußeren Feld H das durch die Polbelegung der Probe verursachte Streufeld und – bei merklichen Verwinkelungen benachbarter Momente – auch die Austauschwechselwirkung bestimmend. Ist die Probe hinreichend klein gegen die zu der Präzessionsfrequenz gehörenden Wellenlänge der elektromagnetischen Welle im Inneren der Probe, so ergibt sich bei Vernachlässigung der Austauschwechselwirkung nach WALKER [1] für eine vorgegebene Feldstärke H eine Serie von Eigenschwingungen des Systems der magnetischen Momente. Bei diesen »magnetostatischen Schwingungsformen« wird die Kopplung zwischen den einzelnen Momenten allein durch das Streufeld bewirkt. Sie unterscheiden sich untereinander hinsichtlich der Präzessionsfrequenz und der Amplituden- und Phasenverteilung der Präzession über die Probe.

Eine spezielle »magnetostatische« Schwingungsform ist die »uniforme« Präzession. Bei ihr bewegen sich sämtliche Momente der Probe mit gleicher Phase und Amplitude um die Gleichgewichtslage, d. h. es gibt in der Probe keine Knotenflächen der Präzessionsbewegung. Die uniforme Präzession kann daher auch als Präzession der makroskopischen Magnetisierung $\vec{M}$ als der Summe der magnetischen Momente pro Volumeneinheit betrachtet werden (Abb. 1). Ihre Kreisfrequenz ω_0 bestimmt sich aus der Formel von KITTEL [2]

$$\omega_0 = \gamma \left[(H + (N_x - N_z) M) \cdot (H + (N_y - N_z) M) \right]^{1/2} \tag{1}$$

wobei N_x, N_y, N_z die Entmagnetisierungsfaktoren der Probe in den Hauptachsenrichtungen sind und das Feld $\vec{H}$ in z-Richtung anliegt (Abb. 1). Das gyromagnetische Verhältnis γ hat den Wert

$$\frac{\gamma}{2\pi} = g \cdot 1{,}40 \, \frac{\text{MHz}}{\text{Oe}}$$

Dabei ist der spektroskopische Aufspaltungsfaktor g gleich 1, wenn die atomaren magnetischen Momente mit dem Bahndrehimpuls, gleich 2, wenn diese mit dem Spin der Atomelektronen des Materials gekoppelt sind. Bei kugelförmigen Proben hat das Streufeld keinen Einfluß auf die Präzessionsfrequenz. Man erhält in diesem Fall aus Gl. (1) die LARMOR-Beziehung

$$\omega_0 = \gamma H \tag{2}$$

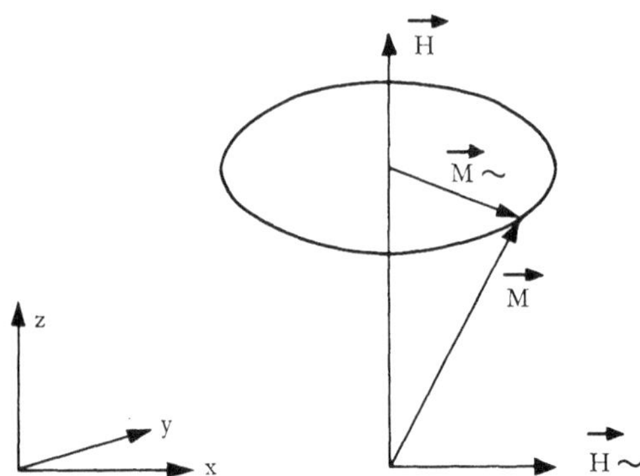

Abb. 1 Zur ferromagnetischen Resonanz

$\vec{H}$: magnetisches Gleichfeld

$\vec{H}_\sim$: magnetisches Wechselfeld (linear polarisiert)

$\vec{M}$: Magnetisierung

$\vec{M}_\sim$: Wechselmagnetisierung (elliptisch polarisiert)

Die experimentelle Beobachtung der magnetostatischen Schwingungen erfolgt üblicherweise durch erzwungene Präzession in einem von außen angelegten magnetischen Wechselfeld geeigneter Frequenz und geeigneter räumlicher Symmetrie. Zur Beobachtung der uniformen Präzession benutzt man ein homogenes, linear polarisiertes, senkrecht zu $\vec{H}$ orientiertes Wechselfeld $\vec{H}_\sim$ (Abb. 1). Zur Beschreibung der erzwungenen Präzession eignet sich die Bewegungsgleichung

$$\frac{d\vec{M}}{dt} = \gamma \vec{M} \times \vec{H}_{eff} + \text{Relaxationsterme} \tag{3}$$

wobei $\vec{H}_{eff}$ das gesamte auf den Magnetisierungsvektor wirkende, das Richtmoment bestimmende Feld mit den Komponenten

$$\vec{H}_{eff} = (H_\sim - N_x M_x, - N_y M_y, H - N_z M_z)$$

ist. Benutzt man zur Beschreibung der Dämpfung der Präzession die von BLOCH

[3] ursprünglich für die Kernresonanz verwendeten Relaxationszeiten T_1 und T_2, so ergibt sich aus Gl. (3) für eine kugelförmige Probe ($N_x = N_y = N_z$):

$$\frac{dM_x}{dt} = \gamma H M_y \qquad\qquad - \frac{M_x}{T_2}$$

$$\frac{dM_y}{dt} = -\gamma\,(H M_x - H_\sim M_z) - \frac{M_y}{T_2} \qquad\qquad (4)$$

$$\frac{dM_z}{dt} = -\gamma M_y H_\sim \qquad\qquad - \frac{M_z - M}{T_1}$$

Mit dem Ansatz

$$H_\sim = \hat{H}_\sim e^{j\omega t}, \quad \hat{H}_\sim \ll H$$

erhält man unter den Voraussetzungen

1. $M_x, M_y \ll M, M_z \approx M$ (geringe Auslenkung aus der Ruhelage)
2. $\omega \approx \omega_0$ (Resonanznähe)
3. $\dfrac{1}{T_2^2} \ll \omega_0^2$ (schwache Dämpfung)

zusammen mit Gl. (2) stationäre Lösungen der Gl. (4). Diese lassen sich mit Hilfe der komplexen Hochfrequenzpermeabilität

$$\mu = 1 + \frac{4\,\pi M_x}{H_\sim} = \mu' - j\mu''$$

durch folgende Beziehungen darstellen:

$$\mu' - 1 = 2\,\pi\gamma M\,\frac{\omega_0 - \omega}{(\omega_0 - \omega)^2 + T_2^{-2}} \qquad (\text{»Dispersionssignal«}) \qquad (5)$$

$$\mu'' = 2\,\pi\gamma M\,\frac{T_2^{-1}}{(\omega_0 - \omega)^2 + T_2^{-2}} \qquad (\text{»Absorptionssignal«}) \qquad (6)$$

Die durch das Meßfeld $\vec{H}_\sim$ erzwungene Präzession der magnetischen Momente macht sich also durch eine charakteristische Frequenzabhängigkeit des Real- und Imaginärteils der Hochfrequenzpermeabilität, d. h. in einer Dispersion und einer Resonanzabsorption der Probe bemerkbar.

Die für die magnetische Absorption maßgebende Größe μ'' hat nach Gl. (6) als Funktion von $(\omega_0 - \omega)$ ein LORENTZ-Profil. An der Stelle $\omega = \omega_0$ (»ferromagnetische Resonanz«) hat μ'' seinen Maximalwert

$$\mu''_{\max} = \frac{1}{2}\,\gamma \cdot 4\,\pi M \cdot T_2 \qquad\qquad (6\,\text{a})$$

und fällt an den Stellen

$$\omega_0 - \omega = \pm\,\frac{1}{T_2}$$

auf die Hälfte des Maximalwertes ab. Die Halbwertsbreite der Kurve μ'' $(\omega_0 - \omega)$ ist demnach

$$2 \, \Delta\omega = \frac{2}{T_2} \qquad (7)$$

Aus experimentellen Gründen hält man meistens die Meßfrequenz ω konstant und variiert das Magnetfeld H und damit die Präzessionsfrequenz ω_0. Gemessen in H ist dann die Halbwertsbreite

$$2 \, \Delta H = \frac{2}{\gamma \, T_2} \qquad (8)$$

Aus den Gl. (6a) und (8) folgt

$$\mu''_{max} \cdot 2 \, \Delta H = 4 \, \pi M \qquad (9)$$

Da die linke Seite von Gl. (9) bis auf einen Faktor $\pi/2$ die Fläche unter der Kurve $\mu''(H)$ darstellt, zeigt sich, daß diese Fläche (die »integrale Resonanzabsorption«) allein durch die Magnetisierung des Probenmaterials gegeben ist.

Reale ferromagnetische Stoffe sind niemals magnetisch völlig isotrop. Daher wirken auf den Magnetisierungsvektor neben dem äußeren Feld und dem entmagnetisierenden Feld der Probe noch weitere innere Richtfelder, die z. B. durch kristalline Anisotropie, durch innere Spannungen oder durch innere Entmagnetisierung bedingt sein können. Sie bestimmen das auf $\vec{M}$ wirkende Richtmoment mit und modifizieren daher die Präzessionsfrequenz. Bei starker kristalliner Anisotropie hängt die Resonanzfrequenz auch bei kugelförmigen Proben entscheidend von der Richtung des äußeren Feldes zu den Kristallachsen ab.

2. Ferrimagnetische Resonanz

Die bisher behandelte Theorie der ferromagnetischen Resonanz gilt auch für ferrimagnetische Stoffe (»ferrimagnetische Resonanz«), sofern man die niederfrequente Eigenschwingung des resultierenden Magnetisierungsvektors betrachtet, bei der die Magnetisierungsvektoren der beiden Teilgitter in jedem Augenblick praktisch antiparallel bleiben [4]. Der resultierende Magnetisierungsvektor $\vec{M}$ [z. B. in Gl. (3)] ist dann die vektorielle Summe der Magnetisierungen der beiden Teilgitter. Die hochfrequente Eigenschwingung, bei der die Magnetisierungsvektoren einen stärker von 180° abweichenden Winkel miteinander bilden und im Austauschfeld präzedieren, liegt bei Wellenlängen von etwa 0,1 mm und wird bei den üblichen Resonanzexperimenten nicht angeregt.

3. Einfluß der Probengröße auf die Resonanzerscheinungen

Wegen der in Ferriten und in Metallen beobachteten Linienbreiten zwischen etwa 100 Oe und etwa 1000 Oe benötigt man bei einem Resonanzexperiment mit konstanter Meßfrequenz zur Beobachtung der gesamten Resonanzlinie Feldstärken von einigen kOe und damit Meßfrequenzen (mit $g = 2$) von etwa 10^{10} Hz. Die Eindringtiefe des elektromagnetischen Feldes beträgt in diesem Frequenzgebiet bei Metallen weniger als $1\,\mu$m; deshalb sind hier nur Messungen an sehr kleinen Teilchen oder dünnen Schichten möglich, wenn, wie in der Theorie verlangt wird, das hochfrequente Magnetfeld innerhalb der Probe homogen bleiben soll. Bei Ferriten mit ihrer wesentlich geringeren Leitfähigkeit (spez. Widerstand $\rho = 10^1 \ldots 10^9\,\Omega \cdot$ cm) kann man in den meisten Fällen Proben mit Abmessungen bis zu 1 mm verwenden, ohne durch zu geringe Eindringtiefe die Voraussetzungen der Theorie zu verletzen. Andererseits ist zu beachten, daß wegen der hohen Dielektrizitätskonstanten der Ferrite ($\varepsilon \approx 10$) die Wellenlänge des anregenden Magnetfeldes innerhalb der Probe erheblich kleiner als die Wellenlänge im freien Raum bzw. in der Hohlleiterapparatur ist, so daß bei größeren Proben auch bei beliebig kleiner Leitfähigkeit das Hochfrequenzfeld innerhalb der Probe nicht mehr homogen ist.

Zur genauen Ermittlung von g-Faktoren und Linienbreiten mißt man daher auch bei schlechtleitenden Stoffen an mehreren, verschieden großen Proben und extrapoliert, wenn nötig, die gemessenen Werte auf beliebig kleine Probenabmessungen.

4. Resonanz in polykristallinen Ferriten

Die in 1. dargestellte Theorie der ferromagnetischen Resonanz gilt auch für polykristalline Proben, sofern das anliegende Gleichfeld H zu deren Sättigung ausreicht. Dann verhält sich die Probe wie ein einziger WEISSscher Bezirk; die zum Summenvektor $\vec{M}$ zusammengefaßten magnetischen Momente führen eine uniforme Präzession um die Richtung von $\vec{H}$ als Gleichgewichtslage aus. Bei schwachem äußeren Feld sind die Voraussetzungen der Theorie nicht erfüllt; häufig zeigt sich bei abnehmendem Feld nach dem Absinken von μ'' entsprechend Gl. (6) ein erneutes Ansteigen der Verluste für $H \rightarrow 0$, das möglicherweise durch die Präzession der magnetischen Momente um individuelle, z. B. durch innere entmagnetisierende Felder bedingte Gleichgewichtslagen verursacht wird. Wegen der statistischen Verteilung der Kristallitorientierung ist bei Vorliegen einer kristallinen Anisotropie die Resonanzfeldstärke (bei fester Meßfrequenz) nicht für alle Kristallite gleich. Dadurch wird die Resonanzlinie gegenüber der Linie des Einkristalls verbreitert und bei starker Anisotropie auch deformiert. Auch innere Streufelder, z. B. an den Korngrenzen, können die Absorptionslinie verbreitern. Da sich der »unechte« Anteil meistens nicht von der gesamten Linienbreite abtrennen läßt, bleibt eine Aussage über die »wahre« Linienbreite des Materials aus Messungen an polykristallinen Proben immer problematisch.
Die an polykristallinen Proben gemessenen g-Werte erweisen sich als frequenzabhängig. OKAMURA und Mitarbeiter [5] haben zur Erklärung ihrer Meßergebnisse an Ferriten den Ansatz

$$\omega_0 = \gamma(H + H_i) \tag{10}$$

vorgeschlagen, wobei H_i ein zunächst formal eingeführtes frequenzunabhängiges Korrekturfeld ist. Durch Messung der Resonanzfeldstärken H_{r1} und H_{r2} bei den Meßfrequenzen ω_1 und ω_2 erhält man

$$\gamma = \frac{\omega_1 - \omega_2}{H_{r1} - H_{r2}} \tag{11}$$

$$H_i = \frac{\omega_1}{\gamma} - H_{r1} \tag{12}$$

während man aus den einzelnen Messungen nur die »effektiven« γ-Werte

$$\gamma_{1,2} = \frac{\omega_{1,2}}{H_{r1,2}} \tag{13}$$

13

gewinnen kann. SNIEDER [6] hat das Korrekturfeld H_i bei Nickel-Zink-Ferriten als ein durch die Porosität des gesinterten Materials verursachtes inneres Streufeld gedeutet und eine Beziehung der Form

$$H_i \sim p \cdot M_s$$

gefunden und experimentell im wesentlichen bestätigt. Hierbei ist p die Porosität des Materials und M_s die Sättigungsmagnetisierung für $p = 0$.

5. Meßverfahren

Zur Untersuchung der ferrimagnetischen Resonanz bei zwei merklich verschiedenen Frequenzen, speziell zur Überprüfung der Gl. (10) und zur Messung einer u. U. vorhandenen Frequenzabhängigkeit der Linienbreite, wurden Resonanzexperimente bei Zimmertemperatur an einer größeren Anzahl verschiedener Ferrite im Mikrowellen-X- und -K-Band durchgeführt, wobei stets dieselben Proben bei den beiden Meßfrequenzen verwendet wurden. Die ferrimagnetische Resonanz in den meisten Ferriten liefert auch bei hinreichend kleinen Probenabmessungen ein ziemlich starkes Meßsignal. Daher genügt zur Messung ein einfaches Mikrowellen-Spektrometer mit Geradeausempfang. Dementsprechend wurden zwei Apparaturen zur Messung des Absorptionssignals in den Frequenzbereichen 8,5 ... 9,9 GHz und 23 ... 25 GHz aufgebaut. Für die Herstellung der einzelnen Bauelemente wurden größtenteils Rechteckhohlleiter mit den genormten Innenabmessungen $22,86 \times 10,16$ mm (RG-52/U) bzw. $10,67 \times 4,32$ mm (RG-53/U) verwendet. Die meisten Bauelemente waren konventioneller Bauart. Einige von ihnen wurden bereits an anderer Stelle [7] ausführlich beschrieben.

Von den zu untersuchenden Ferriten wurden kugelförmige Proben nach dem bekannten Verfahren von BOND [8] hergestellt. Zur Ausschließung von Zufallsergebnissen wurden von ein und demselben Material mindestens zwei, in einigen Fällen bis zu sechs Proben mit Durchmessern von etwa 0,9 mm bis zu etwa 0,3 mm geschliffen und mikroskopisch vermessen. Eine besondere Oberflächenbearbeitung, wie sie z. B. bei Messungen an Yttrium-Eisen-Granat-Einkristallen notwendig ist, erwies sich bei den hier vorliegenden Stoffen mit ihrer relativ großen Linienbreite als nicht erforderlich.

Zur Messung der Resonanzabsorption wurden die Proben auf dünne Glasstäbe gekittet und durch eine Bohrung so in das Innere eines Hohlraumresonators eingebracht, daß sie sich an einer Stelle maximalen homogenen Hochfrequenzmagnetfeldes (hier die geometrische Mitte des Resonators) befanden. Im X-Band wurde ein H_{102}-Resonator in Reflexionsanordnung mit einer Resonanzfrequenz von 9,65 GHz, im K-Band ein symmetrischer H_{112}-Resonator in Transmissionsanordnung mit einer Resonanzfrequenz von 23,89 GHz verwendet. Weder die etwa 1 mm starke Bohrung noch der Glasstab hatten einen merklichen Einfluß auf die Eigenschaften der Resonatoren. Wie durch Messungen an einer Probe festgestellt wurde, die statt durch einen Glasstab durch entsprechend geformte Stücke aus Styropor an ihrem Platz gehalten wurde, hatte die Anwesenheit des Glasstabs auch keinen meßbaren Einfluß auf die Ergebnisse der Resonanzmessungen.

Die magnetische Absorption der Probe stellt einen zusätzlichen Verlust des Meßresonators dar und setzt daher dessen »innere« Güte herab. Sofern die Probe so klein ist, daß sie die ursprüngliche Feldverteilung im Resonator praktisch nicht ändert, und wenn sie sich an einem Schwingungsbauch des hochfrequenten Magnetfeldes befindet, gilt für die Änderung der inneren Güte Q_u

$$\Delta\left(\frac{1}{Q_u}\right) = C \cdot v \cdot \mu''$$ (14)

wobei v das Probenvolumen und C eine Konstante ist, die nur von den Eigenschaften des leeren Resonators abhängt. Aus Messungen des Reflexionsfaktors bzw. des Transmissionsfaktors eines Resonators bei seiner Resonanzfrequenz läßt sich durch einfache Rechnungen das Verhältnis Q_e/Q_u ermitteln. Dabei ist Q_e die »äußere« Güte des Resonators, die die Abstrahlungsverluste durch die Ankopplungselemente (z. B. Koppellöcher) beschreibt. Da Q_e für einen gegebenen Resonator eine Konstante ist, stellt $\Delta(Q_e/Q_u)$, die Änderung von Q_e/Q_u gegenüber seinem Wert bei leerem Resonator, eine zu μ'' proportionale Größe dar. Sofern man keine Absolutwerte von μ'' ermitteln will, genügt zur Erfassung der Resonanzabsorption also eine Bestimmung des Reflexions- bzw. Transmissionsfaktors einerseits bei leerem Resonator, andererseits mit eingebrachter Probe bei den jeweils interessierenden Werten des Gleichfeldes H. Bei den meisten Ferriten verschwinden die magnetischen Verluste bei sehr hohen Feldstärken H fast völlig, so daß der Reflexions- bzw. Transmissionsfaktor bei sehr hohen Feldern als Bezugsgröße zur Bestimmung von $\Delta(Q_e/Q_u)$ dienen kann. Wichtig ist dabei, daß alle Messungen bei der jeweiligen Resonanzfrequenz des Meßresonators ausgeführt werden. Verstimmungen des Resonators, die z. B. durch die Dispersion der Probe verursacht werden können, müssen also durch Nachregeln der Meßfrequenz kompensiert werden. Bei den hier behandelten Messungen wurden die Absorptionskurven punktweise aufgenommen, d. h. es wurde an diskreten, hinreichend dicht benachbarten Feldwerten die Größe $\Delta(Q_e/Q_u)$ bestimmt. Um eventuelle Fehler durch die Kennlinien der Mikrowellen-Dioden auszuschließen, wurde der Reflexions- bzw. Transmissionsfaktor mit Hilfe geeichter Abschwächer mit einer Genauigkeit von $\pm$ 0,2 db bestimmt. Die Frequenz wurde mit Hohlraumwellenmessern mit einer Genauigkeit von etwa 0,1% gemessen.
Zur Erzeugung der benötigten Magnetfelder (bei den Messungen im K-Band etwa 10 ... 12 kOe) diente ein wassergekühlter Elektromagnet mit einem Polschuhdurchmesser von 80 mm. Die Feldstärke wurde mit einer Siemens-Hallsonde FA 24 gemessen, die mittels einer möglichst genau gewickelten und vermessenen Induktionsspule geeicht wurde. Durch frühere Resonanzmessungen an $CuSO_4 \cdot 5\,H_2O$ [7] war sichergestellt, daß der Fehler für den Absolutwert des Feldes nicht größer als $\pm$ 1,5% war. Nach Abschluß der Messungen konnte eine wesentlich genauere Kontrolle durch Resonanzmessungen an Diphenyl-pikryl-hydrazyl[1] vorgenommen werden, das einen spektroskopischen Aufspaltungsfaktor g = 2,0036 $\pm$ 0,0002 und eine Linienbreite 2 ΔH = 1,35 Oe hat [9].

---

[1] Für die freundliche Überlassung des Diphenyl-pikryl-hydrazyl, das im Organisch-Chemischen Institut der Universität Münster hergestellt wurde, danken wir dem Direktor des Instituts, Herrn Prof. Dr. F. MICHEEL.

Tab. 1 Ergebnisse und Auswertung der Resonanzmessungen (I)

Ferrit	d [mm]	f = 9,65 GHz			f = 23,89 GHz			g	H_i [Oe]
		H_{r1} [kOe]	g_1	2 ΔH [Oe]	H_{r2} [kOe]	g_2	2 ΔH [Oe]		
Siferrit R 604	0,50	3,34	2,06	90	8,47	2,02	185	1,99	130
MnMgZn	0,47	3,34	2,06	100	8,45	2,02	175	1,99	120
$\rho = 10^8\,\Omega \cdot cm$	0,43	3,34	2,07	90	8,46	2,02	165	1,98	140
Siferrit GY 4	0,88	3,38	2,04	185	–	–	–	–	–
MgMnAl	0,66	3,38	2,04	205	8,51	2,00	205	1,98	100
$\rho = 10^8\,\Omega \cdot cm$	0,47	3,37	2,05	190	8,47	2,01	195	2,00	90
Siferrit 300 M 11	0,62	3,11	2,22	330	8,25	2,07	690	1,98	380
MnNiZn	0,46	3,15	2,19	300	8,21	2,08	615	2,01	290
$\rho = 10^7\,\Omega \cdot cm$	0,45	3,14	2,19	270	8,23	2,07	580	2,00	310
Siferrit 1500 N 4	0,40	3,23	2,13	155	8,27	2,06	315	2,02	190
NiZn, $\rho = 10^4\,\Omega \cdot cm$	0,27	3,24	2,13	150	8,27	2,06	315	2,02	180
Siferrit 80 K 1	0,54	2,96	2,33	610	8,03	2,13	1070	2,01	480
NiZn, $\rho = 10^6\,\Omega \cdot cm$	0,38	2,95	2,34	515	7,98	2,14	970	2,02	460
Mg-Ferrit	0,70	3,34	2,07	440	8,50	2,01	575	1,97	170
$\rho = 10^3\,\Omega \cdot cm$	0,45	3,31	2,08	445	8,39	2,03	490	2,00	140
Ni-Ferrit	0,59	2,93	2,36	450	7,73	2,21	540	2,12	330
$\rho = 10^4\,\Omega \cdot cm$	0,46	2,93	2,36	505	7,68	2,22	560	2,14	300
Ferroxcube 5 A 1	0,63	3,36	2,05	190	8,43	2,02	195	2,01	80
$\rho = 10^5\,\Omega \cdot cm$	0,43	3,37	2,05	175	8,44	2,02	195	2,01	70
Ferroxcube 5 A 2	0,76	3,36	2,05	195	8,47	2,01	235	1,99	110
$\rho = 3 \cdot 10^6\,\Omega \cdot cm$	0,52	3,36	2,05	245	8,42	2,03	245	2,01	80
Ferroxcube 5 B 1	0,68	3,37	2,04	195	8,41	2,03	210	2,02	40
$\rho = 2 \cdot 10^7\,\Omega \cdot cm$	0,46	3,37	2,04	220	8,41	2,03	190	2,02	40
Ferroxcube 5 D 3	0,49	3,06	2,26	175	7,77	2,20	210	2,16	140
$\rho = 2 \cdot 10^7\,\Omega \cdot cm$	0,43	3,06	2,26	180	7,73	2,21	255	2,18	110
Ferroxcube 5 E 1	0,51	3,22	2,14	100	8,22	2,08	225	2,03	170
$\rho = 5 \cdot 10^9\,\Omega \cdot cm$	0,40	3,22	2,14	115	8,19	2,08	235	2,05	150

Die Angaben über die Zusammensetzung und den spezifischen Widerstand ρ stammen von den Herstellerfirmen; die Feldwerte sind auf Grund einer nachträglichen Eichung korrigiert, sie stimmen daher nicht genau mit den Werten der Abb. 2 - 6 überein.

6. Diskussion der Meßergebnisse

Der größere Teil der untersuchten Ferritsorten zeigt ein Resonanzverhalten, das recht genau oder zumindest in guter Näherung der in 1. dargestellten einfachen Theorie entspricht. Die Absorptionskurven fallen zu beiden Seiten der Resonanzstelle regelmäßig ab; abgesehen von einer mehr oder weniger ausgeprägten Unsymmetrie bezüglich des Maximums treten keine stärkeren Deformationen der Kurve auf. Bei hinreichend hohen Feldstärken verschwinden die magnetischen Verluste praktisch vollständig. Die Meßergebnisse an diesen Ferriten sind in der Tab. 1 zusammengestellt, aus der folgendes hervorgeht:

a) Der aus dem Maximum der Absorptionskurve, also aus dem Resonanzfeld H_{r1} bzw. H_{r2} bestimmte »*effektive*« *g-Faktor* g_1 bzw. g_2 ist stets größer als 2. In allen Fällen ist er bei der höheren Frequenz kleiner als bei der niedrigeren, d. h. *es gilt stets* $g_2 < g_1$. Innerhalb der Meßunsicherheit, die von der Breite der Absorptionslinie abhängt und bei den schmalsten Linien etwa $\pm 1\%$ betragen dürfte, ist keine systematische Abhängigkeit des effektiven g-Faktors von dem Probendurchmesser d festzustellen.

b) Der aus den Messungen bei zwei Frequenzen nach OKAMURA ermittelte *g-Faktor*

$$g = \frac{1}{1,40} \cdot \frac{f_2 - f_1}{H_{r2} - H_{r1}} \qquad (f\ [\text{GHz}],\ H_r\ [\text{kOe}])$$

ist – entsprechend der Unsicherheit der Felddifferenz $H_{r2} - H_{r1}$ – mit einem Fehler von etwa $\pm 2\%$ behaftet. *Die Werte von g liegen jedoch in den meisten Fällen nahe bei 2,00.* Dabei können die effektiven g-Werte bei 9,65 GHz (z. B. bei Siferrit 80 K 1) größer als 2,3 sein. In allen diesen Fällen stellt demnach die Formel (10) von OKAMURA trotz ihrer einfachen Gestalt eine wirksame Korrektur der g-Faktoren dar.
Der für Nickelferrit gefundene Wert g = 2,13 stimmt mit dem von SNIEDER [6] aus Messungen bei drei Frequenzen ($\lambda = 3,2$ cm; 1,6 cm; 1,25 cm) gewonnenen Ergebnis g = 2,13 überein. Auch bei Ferroxcube 5 D 3 weicht der aus den Messungen bestimmte Wert g = 2,17 erheblich von 2 ab.

c) Das *Korrekturfeld*

$$H_i = \frac{f_1}{g \cdot 1,40} - H_{r1} \qquad (f\ [\text{GHz}],\ H_{r1}\ [\text{kOe}])$$

kann in vielen Fällen nur mit erheblicher Unsicherheit bestimmt werden. Es variiert bei den verschiedenen Ferriten zwischen etwa 50 Oe und etwa 500 Oe.

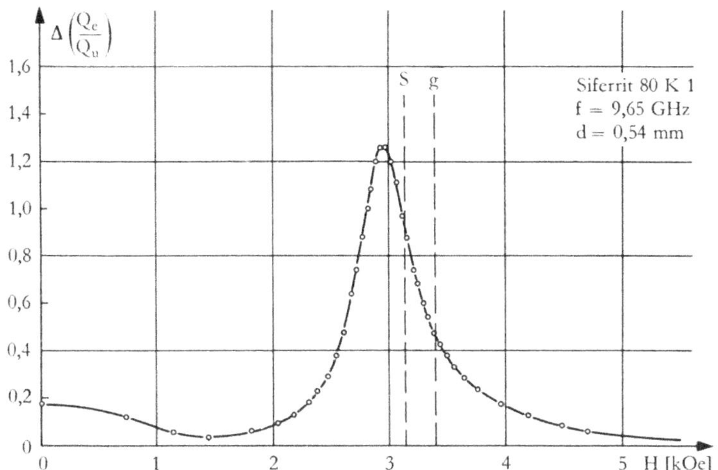

Abb. 2 Ferrimagnetische Resonanz in Siferrit 80 K 1 bei f = 9,65 GHz; die Ordinate
ist proportional μ''

d: Probendurchmesser

S: Schwerpunkt der Absorptionskurve (die Meßwerte unterhalb H = 1,6 kOe
sind bei der Festlegung des Schwerpunktes weggelassen worden)

g: Resonanzfeld für den korrigierten g-Wert g = 2,01

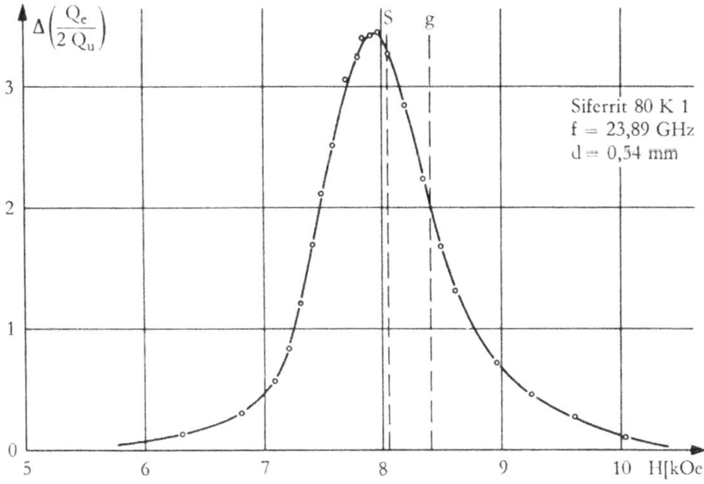

Abb. 3 Ferrimagnetische Resonanz in Siferrit 80 K 1 bei f = 23,89 GHz; die Ordinate
ist proportional μ'', jedoch ist der Ordinatenmaßstab wegen der verschiedenen
Eigenschaften der Meßresonatoren nicht ohne weiteres mit dem Maßstab in
Abb. 2 vergleichbar

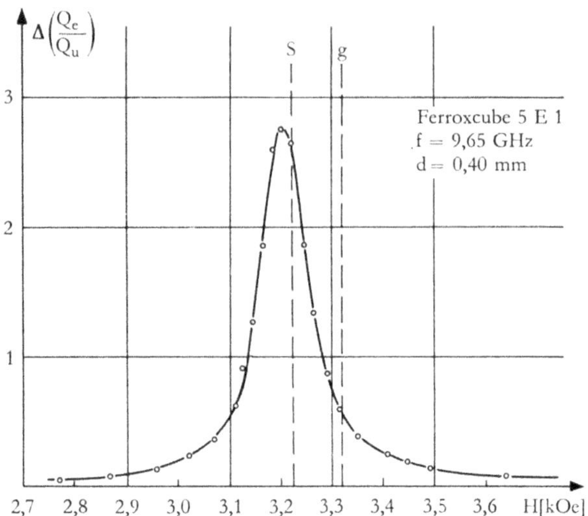

Abb. 4 Ferrimagnetische Resonanz in Ferroxcube 5 E 1 bei f = 9,65 GHz

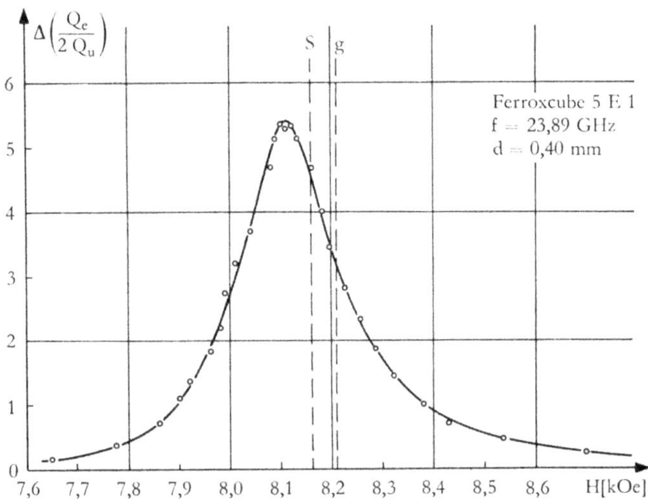

Abb. 5 Ferrimagnetische Resonanz in Ferroxcube 5 E 1 bei f = 23,89 GHz

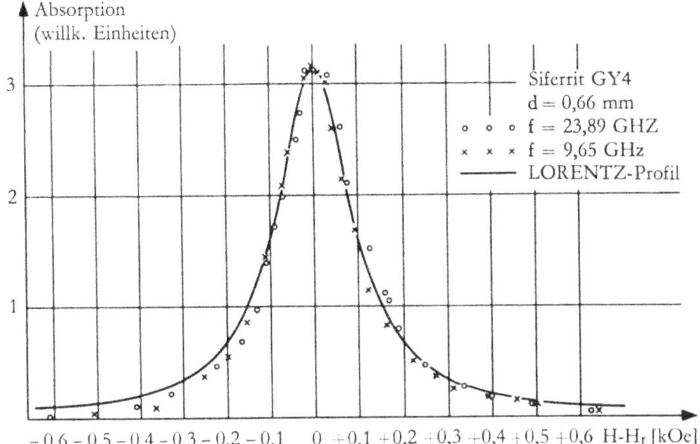

Abb. 6   Ferrimagnetische Resonanz in Siferrit GY4 bei f = 9,65 GHz und f = 23,89 GHz; die Ordinatenmaßstäbe sind einander angepaßt; die Meßpunkte sind längs der Feldachse übereinandergeschoben

Bei Siferrit 80K1 beträgt es z. B. etwa 16% der Resonanzfeldstärke bei 9,65 GHz. Diese Werte liegen in der gleichen Größenordnung wie die von SNIEDER [6] bei verschiedenen Nickel-Zink-Ferriten gefundenen Korrekturfelder (200 ... 500 Oe).

d) Die *Linienbreite* der Absorptionskurven liegt zwischen etwa 100 Oe und etwa 1100 Oe. *Die Resonanzlinie bei 23,89 GHz ist niemals schmaler, in der Regel jedoch merklich (bis zu einem Faktor 2) breiter als bei 9,65 GHz.* (Die einzige Ausnahme bei Ferroxcube 5B1 dürfte auf Meßunsicherheiten beruhen.) Als Beispiele für breite Resonanzlinien sind in den Abb. 2 und 3 die Absorptionskurven von Siferrit 80K1 dargestellt, während in den Abb. 4 und 5 die (besonders bei 9,65 GHz) wesentlich schmalere Resonanz von Ferroxcube 5E1 gezeigt ist. In manchen Fällen wird bei beiden Meßfrequenzen praktisch die gleiche Linienbreite beobachtet. So zeigt der Siferrit GY4 eine innerhalb der Meßunsicherheit frequenzunabhängige Linienbreite von etwa 200 Oe. In Abb. 6 sind die Meßpunkte an Siferrit GY4 bei beiden Meßfrequenzen in ein gemeinsames Diagramm eingetragen, wobei die Ordinatenmaßstäbe einander angepaßt und die Meßpunkte längs der Abszisse bis zur möglichst guten Deckung verschoben sind. Zum Vergleich ist eine LORENTZ-Kurve mit gleicher Höhe eingezeichnet, wie sie als Absorptionssignal von der einfachen Theorie gefordert wird. Systematische Abweichungen von der LORENTZ-Kurve treten praktisch nur in einiger Entfernung von der Resonanzstelle auf der Seite des niedrigen Feldes auf.

e) *Bei Ferriten mit hohem Korrekturfeld* H_i *ist auch die Linienbreite* $2 \Delta H$ *groß.* Dagegen gibt es Stoffe mit relativ großer Linienbreite, aber relativ kleinem Korrekturfeld. So hat z. B. der Magnesiumferrit trotz einer Linienbreite von

21

450 Oe (9,65 GHz) bzw. 490 Oe (23,89 GHz) ein Korrekturfeld von nur 140 Oe, während Siferrit 300 M 11 bei einer Linienbreite von 270 Oe (9,65 GHz) bzw. 580 Oe (23,89 GHz) ein wesentlich höheres Korrekturfeld von 310 Oe aufweist.

Die meisten der untersuchten Ferrite zeigen bei 9,65 GHz merkliche magnetische Verluste ohne äußeres Gleichfeld H. Der typische Verlauf der Absorption für kleine Feldwerte wird aus Abb. 2 ersichtlich. Bei 23,89 GHz sind die Verluste für H = O wesentlich geringer; in den meisten Fällen sind sie nicht mehr beobachtbar. Offensichtlich fallen bei der höheren Meßfrequenz alle »natürlichen« Resonanzen, die Verluste verursachen können, bereits aus, während sie bei 9,65 GHz noch eine merkliche Rolle spielen. Zur Kennzeichnung dieses Verhaltens ist in der Tab. 2 das Verhältnis der magnetischen Verluste bei H = O zu der Absorption bei Resonanz [beides gemessen in μ'' bzw. $\Delta(Q_e/Q_u)$] aufgeführt.

Tab. 2   Absorption bei H = O, bezogen auf die Absorption bei Resonanz

Ferrit	f =	
	9,65 GHz [%]	23,89 GHz [%]
Siferrit R 604	0,5	0,5
Siferrit GY 4	0,5	0,5
Siferrit 300 M 11	7	0,5
Siferrit 1500 N 4	1,5	< 0,5
Siferrit 80 K 1	13	< 0,5
Mg-Ferrit	4	< 0,5
Ni-Ferrit	4	< 0,5
Ferroxcube 5 A 1	1	< 0,5
Ferroxcube 5 A 2	0,5	< 0,5
Ferroxcube 5 B 1	1	< 0,5
Ferroxcube 5 D 3	1	< 0,5
Ferroxcube 5 E 1	3	< 0,5

Manche der in der Tab. 1 aufgeführten Ferrite zeigen eine deutlich asymmetrische Absorptionskurve (z. B. Siferrit 80 K 1, Abb. 2 und 3), die zu hohen Feldstärken flacher abfällt als zu niedrigen. Solche Deformationen der Resonanzkurve können z. B. durch den Einfluß einer kristallinen Anisotropie (mit $K_1 < 0$) verursacht werden, die den Wert des Magnetfeldes H, bei dem die einzelnen, regellos verteilten Kristallite in Resonanz kommen, gegenüber dem »ungestörten« Wert

$$H_r = \frac{\omega}{\gamma} \tag{15}$$

modifiziert. Wenn das Anisotropiefeld klein gegenüber der Sättigungsmagnetisierung ist, dürfen die Kristallite nicht als unabhängig voneinander betrachtet werden, sondern es ist die magnetische Kopplung (etwa durch Dipolfelder) zwischen ihnen zu berücksichtigen. CLOGSTON [10] und SCHLÖMANN [11] haben gezeigt, daß durch die Dipol-Dipol-Wechselwirkung der Schwerpunkt der Ab-

sorptionslinie nicht geändert wird, sondern nach wie vor durch den Wert H_r aus
Gl. (15) gegeben ist, während das Maximum sich i. a. verschiebt. Zur Ermittlung
des wahren Wertes von g ist demnach nicht das Feld bei maximaler Absorption,
sondern der Feldwert am Schwerpunkt der Absorptionskurve zu benutzen. In
manchen Fällen liegt der Feldwert, der dem wahren g nach der Formel (10) von
OKAMURA entspricht, tatsächlich nahe am Schwerpunkt der Resonanzkurve
(s. SMIT und WIJN [12], S. 298).
Bei den hier untersuchten Ferriten ist die Übereinstimmung der beiden Werte jedoch nicht sehr gut, wie die Beispiele in den Abb. 2 bis 5 zeigen. Der mit »S« bezeichnete Kurvenschwerpunkt ist zwar gegenüber dem Maximum zu höheren
Feldstärken verschoben, jedoch ist diese Feldkorrektur wesentlich kleiner als das
Zusatzfeld H_i in der Formel von OKAMURA. Der Schwerpunkt fällt also nicht mit
dem Feld $H_r + H_i$, das in den Abb. 2 bis 5 mit »g« bezeichnet ist, zusammen.
Eine genaue Festlegung des Schwerpunktes ist allerdings schwierig, da das Verhalten der Resonanzkurve bei sehr hohen Feldern nicht genau genug meßbar ist.
Außerdem macht sich die Absorption bei kleinen Feldstärken, die in der Theorie
nicht berücksichtigt ist, störend bemerkbar (s. Abb. 2).

Tab. 3   Ergebnisse und Auswertung der Resonanzmessungen (II)

| Ferrit | d | f = 9,65 GHz | | | f = 23,89 GHz | | |
| | | H_{r1} | g_1 | $2\,\Delta H$ | H_{r2} | g_2 | $2\,\Delta H$ |
	[mm]	[kOe]		[Oe]	[kOe]		[Oe]
Hyperox D 1	0,61	3,30	2,09	510	8,18	2,09	1500
MnZn	0,45	3,29	2,10	380	8,23	2,07	1110
$\rho = 30\,\Omega \cdot cm$	0,43	3,30	2,09	410	8,23	2,07	1150
	0,40	3,31	2,08	380	8,23	2,07	1130
Hyperox D 1 S	0,87	3,35	2,06	640	8,12	2,10	2010
MnZn	0,72	3,36	2,05	470	8,10	2,11	1770
$\rho = 50\,\Omega \cdot cm$	0,57	3,34	2,06	490	8,16	2,09	1550
	0,48	3,30	2,09	450	9,12	2,10	1300
	0,45	3,31	2,08	420	8,17	2,09	1320
	0,43	3,32	2,08	360	8,17	2,09	1140
Hyperox C 21	0,58	3,26	2,11	630	8,16	2,09	1660
MnZn	0,40	3,25	2,12	440	8,28	2,06	1200
$\rho = 20\,\Omega \cdot cm$							
Siferrit 2000 N 27	0,83	3,29	2,10	670	8,05	2,12	2200
MnZn	0,47	3,26	2,11	510	8,13	2,10	1550
$\rho = 10^2\,\Omega \cdot cm$	0,36	3,25	2,12	410	8,16	2,09	1200
Siferrit 550 M 25	0,65	3,34	2,06	950	8,06	2,12	2300
MnZn	0,39	3,31	2,08	670	8,10	2,11	1680
$\rho = 10^2\,\Omega \cdot cm$							
Mn-Ferrit	0,79	2,92	2,36	2650	8,28	2,06	3880
$\rho = 10^3\,\Omega \cdot cm$	0,60	2,87	2,40	2290	8,18	2,09	3530

Die Angaben über die Zusammensetzung und den spezifischen Widerstand ρ stammen
von den Herstellerfirmen.

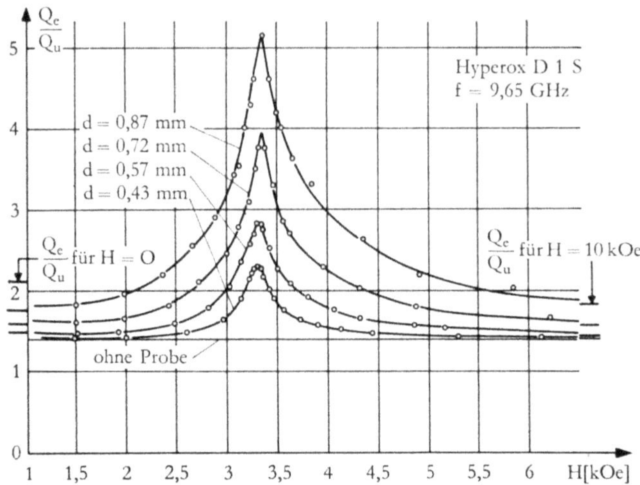

Abb. 7 Ferrimagnetische Resonanz in verschiedenen Proben von Hyperox D1S bei f = 9,65 GHz; die Ordinate ist proportional dem Gesamtverlust im Inneren des Meßresonators; der mit »ohne Probe« bezeichnete Ordinatenwert entspricht dem Verlust des leeren Resonators

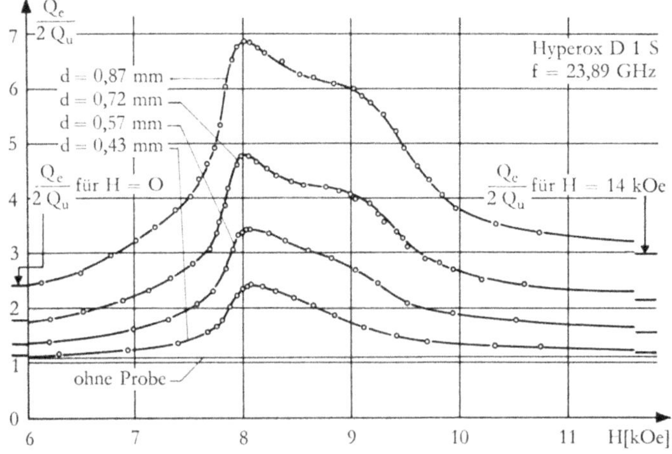

Abb. 8 Ferrimagnetische Resonanz in verschiedenen Proben von Hyperox D1S bei f = 23,89 GHz

24

Die Absorptionskurven von Mangan-Zink-Ferrit und Manganferrit zeigen erhebliche Abweichungen von dem Verhalten der übrigen Ferrite. Breite und Form der Kurven hängen vom Probendurchmesser ab (s. Abb. 7 und 8). Bei keiner Feldstärke verschwinden die Verluste völlig; außer der auch hier auftretenden Absorption bei schwachem Feld bleibt im Gegensatz zu den bisher betrachteten Ferriten auch bei sehr hohen Feldstärken ein Verlust, der besonders bei der höheren Meßfrequenz erheblich ist und dem sich die eigentliche Resonanzabsorption bei abnehmendem Feld als Effekt gleicher Größenordnung überlagert. Weder die Verluste bei H = O noch die Verluste bei hohem Feld sind bei variabler Probengröße proportional zur maximalen Absorption. So sinken die Verluste bei Hyperox D 1 S bei H = O bei 9,65 GHz von 19% der maximalen Absorption bei der Probe mit d = 0,87 mm auf 10% bei der Probe mit d = 0,57 mm, während die Verluste bei hohem Feld sich von 11 auf 4% ändern. Bei 23,89 GHz sind die entsprechenden Zahlen 23 und 10% (H = O) sowie 33 und 20% (H groß). Während die Kurvenform bei 9,65 GHz noch im wesentlichen das von den anderen Ferriten her bekannte Bild zeigt, sind die Kurven bei 23,89 GHz sämtlich stark unsymmetrisch. Mit zunehmender Probengröße bildet sich rechts vom Maximum eine Schulter aus, die die Kurve mehr und mehr deformiert und die Bestimmung eines »effektiven« g-Faktors fragwürdig macht. Die in der Tab. 3 aufgeführten g-Werte, die aus dem Magnetfeld bei maximaler Absorption bestimmt sind, zeigen weder einen systematischen Gang mit dem Probendurchmesser noch eine ausgeprägte Abhängigkeit von der Meßfrequenz. Eine Auswertung nach OKAMURA erscheint daher nicht sinnvoll und würde, wie die Werte in der Tab. 3 zeigen, auch zu keinen vernünftigen Ergebnissen führen.

Die Linienbreite 2 ΔH ist auch hier als die Breite der Kurve zwischen den Feldwerten bestimmt, an denen die Absorption auf die Hälfte ihres Maximalwertes abgefallen ist. Dabei wird als Nullniveau die jeweils geringste Absorption gewählt, so daß das Nullniveau für die einzelnen Proben verschieden ist. Die Linienbreite nimmt bei konstanter Meßfrequenz mit steigendem Probendurchmesser zu. Bei 23,89 GHz ist sie etwa dreimal so groß wie bei 9,65 GHz.

Völlig aus dem Rahmen der übrigen Ergebnisse fällt der Manganferrit, dessen Linienbreite bei 9,65 GHz in die Größenordnung des Resonanzfeldes fällt. Wegen der ungenauen Lokalisierbarkeit der maximalen Absorption ist die Angabe des g-Faktors hier besonders problematisch.

Auf Grund dieser Ergebnisse ist zu vermuten, daß hier das zur Anregung der Resonanz benutzte Hochfrequenzfeld in die größeren Proben nicht mehr vollständig eindringt. Ob die relativ hohe elektrische Leitfähigkeit der Stoffe allein dafür verantwortlich ist, erscheint fraglich. So zeigt z. B. der Magnesiumferrit, dessen Leitfähigkeit nicht geringer ist als die des Manganferrit, eine durchaus »normale« Resonanzkurve ohne nennenswerten Einfluß der Probengröße, im Gegensatz zum Manganferrit mit seiner anomal breiten Resonanz. Möglicherweise könnten Messungen bei tieferen Temperaturen, bei denen die Leitfähigkeit wesentlich geringer ist, hierüber Aufschluß geben.

7. Zusammenfassung

Es wird über Messungen der ferrimagnetischen Resonanz an verschiedenen poly-kristallinen Ferriten berichtet. Da bei zwei um einen Faktor 2,5 verschiedenen Meßfrequenzen gearbeitet wird, ist eine Korrektur der gemessenen g-Faktoren nach OKAMURA möglich. Diese führt bei den meisten Ferriten zu Werten von g, die innerhalb der Meßgenauigkeit gleich dem reinen Spinwert 2 sind. Linienbreite und Kurvenform der gemessenen Resonanzsignale werden diskutiert. Bei Mangan-Zink-Ferrit und Mangan-Ferrit werden stark deformierte Absorptionskurven beobachtet.

Für die freundliche Überlassung der Ferritproben danken wir den Herren Prof. Dr. H. SEVERIN (Philips Zentrallaboratorium Hamburg), Dr. J. FREY (Siemens & Halske AG, Wernerwerk für Bauelemente) und Dr. W. HEISTER (Friedrich Krupp, Widia-Fabrik).

Prof. Dr. phil. H. BITTEL
Dr. rer. nat. K. A. HEMPEL

8. Literaturverzeichnis

[1] WALKER, L. R., J. Appl. Phys. 29, 318 (1958).
[2] KITTEL, C., Phys. Rev. 73, 155 (1948).
[3] BLOCH, F., Phys. Rev. 70, 460 (1946).
[4] WANGSNESS, R. K., Phys. Rev. 93, 68 (1954).
[5] OKAMURA, T., Y. TORIZUKA und Y. KOJIMA, Phys. Rev. 88, 1425 (1952).
[6] SNIEDER, J., Appl. Sci. Res. B 7, 185 (1958).
[7] HEMPEL, K. A., Diplomarbeit Universität Münster (1957).
[8] BOND, W. L., Rev. Sci. Instr. 22, 344 (1951).
[9] HOLDEN, A. N., C. KITTEL, F. R. MERRITT und W. A. YAGER, Phys. Rev. 77, 147
     (1950).
[10] CLOGSTON, A. M., J. Appl. Phys. 29, 334 (1958).
[11] SCHLÖMANN, E., J. Phys. Chem. Solids 6, 242 (1958).
[12] SMIT, J., und H. P. J. WIJN, »Ferrites«. N. V. Philips Gloeilampenfabrieken,
     Eindhoven 1959.

FORSCHUNGSBERICHTE
DES LANDES NORDRHEIN-WESTFALEN

Herausgegeben im Auftrage des Ministerpräsidenten Dr. Franz Meyers
von Staatssekretär Prof. Dr. h. c., Dr.-Ing. E. h. Leo Brandt

PHYSIK

HEFT 10
Prof. Dr. W. Vogel, Köln
„Das Streifenpaar" als neues System zur mechanischen Vergrößerung kleiner Verschiebungen und seine technischen Anwendungsmöglichkeiten
1953, 20 Seiten, 6 Abb., DM 4,50

HEFT 62
Prof. Dr. W. Franz, Institut für theoretische Physik der Universität Münster
Berechnung des elektrischen Durchschlags durch feste und flüssige Isolatoren
1954, 36 Seiten, DM 7,—

HEFT 103
Prof. Dr. W. Weizel, Bonn
Durchführung von experimentellen Untersuchungen über den zeitlichen Ablauf von Funken in komprimierten Edelgasen sowie zu deren mathematischen Berechnung
1955, 32 Seiten, 12 Abb., DM 9,10

HEFT 104
Prof. Dr. W. Weizel, Bonn
Über den Einfluß der Elektroden auf die Eigenschaften von Cadmium-Sulfid-Widerstands-Photozellen
1955, 48 Seiten, 12 Abb., DM 9,45

HEFT 107
Prof. Dr. H. Lange und Dipl.-Phys. P. St. Pütter, Köln
Über die Konstruktion von Laboratoriumsmagneten
1955, 66 Seiten, 19 Abb., 1 Tabelle, DM 12,30

HEFT 122
Prof. Dr. W. Fucks †, Aachen
Untersuchungen zur Verbesserung der Wasseraufbereitung und Wasseranalyse:
Über die Schnellbewertung von Ionenaustauschern
1955, 48 Seiten, 32 Abb., DM 12,30

HEFT 125
Prof. Dr. E. Kappler, Münster
Eine neue Methode zur Bestimmung von Kondensations-Koeffizienten von Wasser
1955, 46 Seiten, 11 Abb., 1 Tabelle, DM 9,10

HEFT 141
Dr. J. van Calker und Dr. R. Wienecke, Münster
Untersuchungen über den Einfluß dritter Analysenpartner auf die spektrochemische Analyse
1955, 42 Seiten, 15 Abb., DM 9,10

HEFT 145
Dr. G. Hennemann, Werdohl (Westf.)
Beitrag zur Interpretation der modernen Atomphysik
1955, 34 Seiten, DM 10,—

HEFT 148
Prof. Dr. H. Bittel und Dipl.-Phys. L. Strom, Münster
Untersuchungen über Widerstandsrauschen
1955, 40 Seiten, 5 Abb., DM 8,40

HEFT 157
Dr. W. Jawtusch, Dr. G. Schuster und Prof. Dr.-Ing. R. Jaeckel, Bonn
Untersuchungen über die Stoßvorgänge zwischen neutralen Atomen und Molekülen
1955, 48 Seiten, 15 Abb., 3 Tabellen, DM 10,50

HEFT 169
Forschungsinstitut für Pigmente und Lacke, Stuttgart
Arbeiten über die Bestimmung des Gebrauchswertes von Lackfilmen durch physikalische Prüfungen
1955, 70 Seiten, 23 Abb., 4 Tabellen, DM 15,—

HEFT 174
Prof. Dr. phil. C. v. Fragstein, Dr. J. Meingast und H. Hoch, Köln
Herstellung von Solen einheitlicher Teilchengröße und Ermittlung ihrer optischen Eigenschaften
1955, 78 Seiten, 80 Abb., 4 Tabellen, DM 18,25

HEFT 178
Prof. Dr. M. v. Stackelberg und Dr. W. Hans, Bonn
Untersuchungen zur Ausarbeitung und Verbesserung von polarographischen Analysenmethoden
1955, 46 Seiten, 14 Abb., DM 10,50

HEFT 187
Dipl.-Ing .F. Göttgens, Essen
Über die Eigenarten der Bimetall-, Thermo- und Flammenionisationssicherungsmethode in ihrer Anwendung auf Zündsicherungen
1955, 40 Seiten, 6 Abb., 4 Tabellen, DM 8,40

HEFT 189
Fa. E. Leybold's Nachfolger, Köln
I. Ausgewählte Kapitel aus der Vakuumtechnik
II. Zum Verlust anorganisch-nichtflüchtiger Substanzen während der Gefriertrocknung
1955, 52 Seiten, 16 Abb., 3 Tabellen, DM 11,20

HEFT 194
Dr. K. Hecht, Köln
Entwicklung neuartiger physikalischer Unterrichtsgeräte
1955, 42 Seiten, 16 Abb., DM 9,90

HEFT 209
Dr. K. Bunge, Leverkusen
Materialabbau in Funkenentladungen. Untersuchungen an Zinkkathoden
1956, 54 Seiten, 10 Abb., 5 Tabellen, DM 11,40

HEFT 210
Dr. W. Porschen und Prof. Dr. W. Riezler, Bonn
Langlebige Alphaaktivitäten bei natürlichen Elementen
1955, 40 Seiten, 5 Abb., 4 Tabellen, DM 8,80

HEFT 233
Dr. H. Haase, Hamburg
Infrarot-Bibliographie
1956, 90 Seiten, DM 17,80

HEFT 251
Prof. Dr. H. Bittel, Münster
Zur Statistik der ferromagnetischen Elementarvorgänge und ihren Einfluß auf das Barkhausenrauschen
1956, 52 Seiten, 14 Abb., DM 11,65

HEFT 259
Prof. Dr. W. Linke, Aachen
Strömungsvorgänge in künstlich belüfteten Räumen
1956, 52 Seiten, 37 Abb., 1 Tabelle, DM 11,80

HEFT 264
Prof. Dr. W. Weizel, Bonn
Durch schnelle Funkenzusammenbrüche ausgelöste Signale auf einer Leitung
1956, 26 Seiten, 4 Abb., 3 Tabellen, DM 6,10

HEFT 267
Prof. Dr. W. Weizel und B. Brandt, Bonn
Zur Stabilität stromstarker Glimmentladungen
1956, 36 Seiten, 7 Abb., DM 8,40

HEFT 299
Dr. J. Fassbender und W. Hoppe, Bonn
Eine photoelektrische Nachlaufeinrichtung für Analogie-Rechenmaschinen
1956, 20 Seiten, 8 Abb., DM 7,65

HEFT 326
Prof. Dr.-Ing. E. Essers, Dr.-Ing. J. Essers und Dipl.-Ing. J. Klein, Aachen
Deichselkräfte an Lastzügen
1957, 96 Seiten, 34 Abb., DM 22,10

HEFT 329
Dipl.-Ing. A. Krüger, Karlsruhe und Feuerwehr-Ing. R. Radusch, Dortmund
Wasserzerstäubung im Strahlrohr
1956, 78 Seiten, 21 Abb., 3 Tabellen, DM 18,65

HEFT 330
Dr.-Ing. E. Pepping, Aachen
Die Durchflußzahl des Rechteckschlitzes in einer sehr großen Wand
1957, 54 Seiten, 21 Abb., DM 12,35

HEFT 332
Prof. Dr.-Ing. R. Jaeckel und Dr. G. Reich, Bonn
Messung von Dampfdrücken im Gebiet unter 10^{-2} Torr
1956, 34 Seiten, 16 Abb., 2 Tabellen, DM 10,40

HEFT 334
Prof. Dr. W. Weizel und Dr. G. Meister, Bonn
Spektralanalyse durch Messung des Interferenz-Kontrastes
1956, 42 Seiten, 8 Abb., DM 9,30

HEFT 335
Prof. Dr. W. Weizel und H. Hornberg, Bonn
Untersuchungen der anodischen Teile einer Glimmentladung
1957, 50 Seiten, 21 Abb., 19 Farbabb., 1 Tabelle
DM 32,80

HEFT 341
Prof. Dr.-Ing. H. Winterhager und Dipl.-Ing. L. Werner, Aachen
Präzisions-Meßverfahren zur Bestimmung des elektrischen Leitvermögens geschmolzener Salze
1956, 44 Seiten, 19 Abb., 1 Tabelle, DM 10,60

HEFT 344
Prof. Dr.-Ing. W. Fucks, Aachen
Zur Deutung einfachster mathematischer Sprachcharakteristiken
1956, 38 Seiten, 12 Abb., DM 7,80

HEFT 356
Dipl.-Phys. G. Gurke, Aachen
Aufbau einer Meßanlage für Untersuchungen elektrischer Gasentladung im Bereiche großer p.
d.-Werte
1956, 38 Seiten, 13 Abb., 1 Tabelle, DM 8,65

HEFT 357
Prof. Dr.-Ing. W. Fucks, Aachen
Mathematische Analyse der Formalstruktur von
Musik
1958, 54 Seiten, 29 Abb., 16 Tabellen, DM 13,60

HEFT 361
Dipl.-Ing. H. F. Klein, Aachen
Die nichtstationären Strömungsvorgänge und der
Wärmeübergang in einem Schwingfeuergerät
1957, 84 Seiten, 34 Abb., 4 Falttafeln, DM 25,90

HEFT 368
Prof. Dr. phil. H. Kaiser, Dortmund
Entwicklung betriebsmäßiger spektrochemischer
Analysenverfahren für technische Gläser
1957, 40 Seiten, 11 Abb., DM 9,10

HEFT 369
Dipl.-Phys. F. J. Schittko, Bonn
Gasabgabe von Werkstoffen ins Vakuum
1957, 48 Seiten, 20 Abb., 6 Tabellen, DM 13,30

HEFT 375
Technischer Überwachungsverein e. V., Essen
Wanddickenmessungen mittels radioaktiver Strahlen und Zählrohrgerät
1958, 38 Seiten, 15 Abb., DM 9,55

HEFT 380
Dipl.-Phys. R. Trappenberg, Karlsruhe
Theoretische und experimentelle Untersuchungen
zur Staubverteilung einer Rauchfahne
1957, 64 Seiten, 7 Abb., 18 Tabellen, DM 14,90

HEFT 386
*Prof. Dr.-Ing. H. Opitz und Dipl.-Ing. O. Hake,
Aachen*
Standzeituntersuchungen und Verschleißmessungen mit radioaktiven Isotopen
1958, 36 Seiten, 33 Abb., 3 Tabellen, DM 12,75

HEFT 404
Prof. Dr. R. Jaeckel und Dipl.-Phys. F. Gross, Bonn
Die Löslichkeit von Gasen in schwerflüchtigen
organischen Flüssigkeiten
1957, 46 Seiten, 17 Abb., 1 Tabelle, DM 11,50

HEFT 415
*Prof. Dr.-Ing. W. Paul, Dr. rer. nat. O. Osberghaus und
Dipl.-Phys. E. Fischer, Bonn*
Ein Ionenkäfig
1958, 42 Seiten, 18 Abb., 2 Tabellen, DM 13,65

HEFT 419
Dipl.-Ing. K. Brocks, Mülheim (Ruhr)
Die Messungen der Reflexionseigenschaften künstlicher und natürlicher Materialien mit quasi-optischen Methoden bei Mikrowellen
1957, 78 Seiten, 52 Abb., DM 20,35

HEFT 420
Dipl.-Ing. M. Vogel, Oberpfaffenhofen
Das Spektralgebiet zwischen dem langwelligen
Ultrarot und Mikrowellen
1957, 56 Seiten, 2 Abb., DM 13,50

HEFT 432
Dipl.-Phys. Dr. R. Werz, Bonn
Die Entwicklung einer Synchrozyklotron-Ionenquelle
1958, 122 Seiten, 90 Abb., 1 Tabelle, DM 30,30

HEFT 439
*Prof. Dr. phil. H. Lange, Köln, und Dr. rer. nat.
R. Kohlhaas, Neuß a. Rhein*
Anwendung der thermomagnetischen Analyse zum
Studium des Umwandlungsverhaltens von Eisenwerkstoffen im Temperaturbereich von —150°C
bis +1500°C
1958, 96 Seiten, 72 Abb., 2 Tabellen, DM 27,10

HEFT 443
Prof. Dr. phil. W. Weizel und K. Kluth, Bonn
Über die Struktur der positiven Gleitentladungen
1957, 44 Seiten, 30 Abb., DM 12,20

HEFT 450
*Prof. Dr.-Ing. W. Paul, Bonn, und Dipl.-Phys. H. P.
Reinhard, Mönchengladbach*
Das elektrische Massenfilter als Isotopentrenner
1958, 56 Seiten, 20 Abb., DM 13,50

HEFT 459
*Prof. Dr. phil. F. Wever, Dr. phil. O. Krisement und
H. Schädler, Düsseldorf*
Ein isothermes Mikrokalorimeter zur kinetischen
Messung von Umwandlungs- und Ausscheidungsvorgängen in Legierungen
1957, 32 Seiten, 14 Abb., DM 10,75

HEFT 460
*Prof. Dr. phil. F. Wever und Dr. rer. nat. B. Ilschner,
Düsseldorf*
Ein isothermes Lösungskalorimeter zur Bestimmung thermo-dynamischer Zustandsgrößen
von Legierungen
1957, 32 Seiten, 7 Abb., 4 Tabellen, DM 10,40

HEFT 502
Prof. Dr. M. Diem und Dr. R. Trappenberg, Karlsruhe
Berechnung der Ausbreitung von Staub und Gas
*1957, 18 Seiten Text und 67 z. T. großformatige
zweifarbige Diagramme, DM 37,30*

HEFT 504
Prof. Dr. phil. F. Wever, Dr. phil. W. Winke und
Dr. rer. nat. W. Jellinghaus, Düsseldorf
Versuchsanordnung zur Messung der Suszeptibili-
tät paramagnetischer Stoffe und Meßergebnisse an
Nickel-Chrom- und Kobalt-Nickel-Chrom-Werk-
stoffen
1958, 38 Seiten, 10 Abb., 2 Tabellen, DM 9,95

HEFT 507
Prof. Dr. H. Kaiser, Dortmund, Dr. G. Bergmann,
Dortmund, und Priv.-Doz. Dr. G. Kresze, Berlin
Kartei zur Dokumentation in der Molekülspektro-
skopie
1958, 34 Seiten, 3 Abb., 6 Tabellen, DM 11,90

HEFT 510
Prof. Dr. rer. nat. W. Groth, Dr.-Ing. K. Bayerle,
Dr. rer. nat. H. Ihle, Dr. rer. nat. A. Murrenhoff,
E. Nann und Dr. rer. nat. K. H. Welge, Bonn
Anreicherung der Uranisotope nach dem Gaszentri-
fugenverfahren
1958, 76 Seiten, 43 Abb., DM 21,20

HEFT 516
Prof. Dr.-Ing. H. Müller, Dipl.-Ing. F. Reinke und
Dipl.-Ing. W. Sorgenicht, Essen
Gesamtstrahlungsmessungen der Temperatur-
strahlung
1958, 82 Seiten, 18 Abb., DM 22,80

HEFT 519
Prof. Dr. phil. F. Wever, Dr. phil. W. Koch und
Dr. phil. S. Eckhard, Düsseldorf
Die spektrographische Bestimmung der Spuren-
elemente in Stahl ohne vorherige Abbrennung
1958, 36 Seiten, 22 Abb., DM 12,60

HEFT 527
Dr. rer. nat. K. G. Müller, Hanau/W.
Wärmeübertragung auf eine Flugstaubströmung
im senkrechten Rohr sowie auf eine durchströmte
Schüttgutschicht
1958, 74 Seiten, 34 Abb., 7 Tabellen, DM 20,70

HEFT 537
Dr.-Ing. N. Gössl, Frankfurt a. M.
Probleme der Zugförderung im Zusammenhang
mit der Ausnutzung der Atom-Energie
1958, 116 Seiten, 28 Abb., 12 Tabellen, DM 29,90

HEFT 548
Prof. Dr.-Ing. K. Leist und Dr.-Ing. J. Weber, Aachen
Spannungsoptische Untersuchungen von Tur-
binenscheiben mit angefrästen und eingesetzten
Schaufeln
1958, 28 Seiten, 28 Abb., 4 Tabellen, DM 8,30

HEFT 549
Dr.-Ing. R. Merten, Duisburg
Resonanzanpassung bei einem Tiefpaß
1958, 22 Seiten, 16 Abb., DM 9,—

HEFT 550
Dr. H. Stephan, Bonn
Elektrisches Standhöhenmeßgerät für Flüssigkeiten
1958, 26 Seiten, 13 Abb., 2 Tabellen, DM 10,10

HEFT 551
Prof. Dr. phil. W. Weizel und Dipl.-Phys. B. Brandt,
Bonn
Betriebsbedingungen einer stromstarken Glimment-
ladung
1958, 68 Seiten, 18 Abb., DM 16,—

HEFT 567
Dr. rer. nat. K. Sauerwein, Düsseldorf
Anwendungen radioaktiver Isotope in der Technik
1958, 74 Seiten, 33 Abb., 9 Tabellen, DM 19,60

HEFT 583
Prof. Dr. phil. F. Kirchner, Dipl.-Phys. H. Baron und
Dipl.-Phys. H. Kirchner, Köln
Verwendbarkeit von Zählrohren zu massenspektro-
metrischen Untersuchungen
1958, 12 Seiten, 5 Abb., DM 6,70

HEFT 590
Übergabe des Synchro-Zyklotrons an das Institut
für Strahlen- und Kernphysik der Universität Bonn
am 8. Mai 1957
1958, 52 Seiten, 16 Abb., DM 16,50

HEFT 594
Prof. Dr. A. Nikuradse, München
Energieabsorption von Atomkernstrahlen in
organischen Stoffen und durch sie hervorgerufene
Reaktionsprozesse
1958, 56 Seiten, 13 Abb., 2 Tabellen, DM 15,10

HEFT 595
Prof. Dr. A. Nikuradse und Dipl.-Phys. K. Kugler,
München
Einfluß der molekularen bzw. atomaren Be-
schaffenheit der Festwandoberflächenschicht auf
die Wechselwirkung zwischen auftretenden Gas-
molekülen und der Wand
1958, 16 Seiten, 9 Abb., DM 8,40

HEFT 608
Prof. Dr. habil. W. Linke und
Dipl.-Ing. W. Hufschmidt, Aachen
Wärmeübergang bei pulsierender Strömung
1958, 30 Seiten, 18 Abb., DM 9,—

HEFT 615
Prof. Dr. W. Weizel und D. H. Whang, Bonn
Stromverteilung auf der Kathode einer Glimmentladung in Spalten bei hohen Drücken und abseits
stehender Anode
1958, 28 Seiten, 16 Abb., DM 8,80

HEFT 616
Prof. Dr. W. Weizel und W. Ohlendorf, Bonn
Die Glimmentladung in spalartigen Entladungs-
räumen
1958, 38 Seiten, 18 Abb., DM 10,70

HEFT 622
Prof. Dr. W. Franz, Münster
Theorie der Elektronenbeweglichkeit in Halbleitern
1958, 40 Seiten, 9 Abb., DM 10,80

HEFT 642
Dr.-Ing. H.-J. Eckhardt, Essen
Die dielektrische Trocknung bei erniedrigtem Luftdruck mit Beiträgen zum physikalischen Verhalten der Mischkörper
1958, 66 Seiten, 24 Abb., DM 17,10

HEFT 643
Max-Planck-Institut für Silikatforschung, Würzburg
Spannungsmessungen an Schleifkörpern
1958, 38 Seiten, 22 Abb., DM 11,70

HEFT 651
Dr.-Ing. A. Eisenberg, Dortmund
Versuche zur Körperschalldämmung in Gebäuden
1958, 26 Seiten, 20 Abb., DM 8,10

HEFT 652
Dr. phil. nat. H. Haase, Hamburg
Infrarot - Bibliographie II
1959, 42 Seiten, DM 11,—

HEFT 653
Prof. Dr. K. Hamann und Dr. W. Funke, Stuttgart
Die Schutzwirkung organischer Inhibitoren in wäßriger Lösung gegenüber Eisen
1958, 72 Seiten, 31 Abb., DM 18,70

HEFT 656
Prof. Dr. E. Jenckel und Dr. H. Huhn, Aachen
Das Verkleben von Aluminium mit carboxylsubstituiarten Polystrolen
1958, 42 Seiten, 16 Abb., 3 Tabellen, DM 11,60

HEFT 657
Prof. Dr. W. Weizel und Dr. H. Herrmann, Bonn
Glimmentladungen an festen nichtmetallischen Elektroden
1959, 14 Seiten, 2 Abb., 1 Tabelle, DM 5,—

HEFT 662
Prof. Dr. phil. H. Lange und Dr. rer. nat. R. Kohlhaas, Köln
Über die Konstruktion von Laboratoriumsmagneten
2. Teil: Technische Ausführung verschiedener Magnettypen
1958, 30 Seiten, 20 Abb., 3 Tabellen, DM 9,80

HEFT 683
Prof. Dr.-Ing. R. Jaeckel und Dr. rer. nat. H. H. Kutscher, Bonn
Das Verhalten von Überschallströmungen bei Drücken unter 1 Torr
1959, 61 Seiten, 43 Abb., 12 Farbtafeln DIN A 4, DM 50,—

HEFT 684
Prof. Dr. sc. techn. F. Schultz-Grunow und Dr.-Ing. H. Hein, Aachen
Beiträge zur Grenzschichtströmung
1959, 66 Seiten, 49 Abb., 1 Tabelle, DM 19,—

HEFT 687
Prof. Dr. E. Kappler, Dr. H. Frinken und cand. phys. J. Vanheiden, Münster
Teil I: Das elastische Verhalten der Metalle beim Zugversuch im Bereich der plastischen Verformung.
Teil II: Untersuchungen über das elastische Verhalten metallischer Werkstoffe im Bereich der plastischen Verformung beim Brinellschen Kugeldruckversuch
1959, 56 Seiten, 42 Abb., DM 15,30

HEFT 696
Dr. rer. nat. H. Ehrenberg und Dipl.-Phys. H. J. Mürtz, Bonn
Massenspektrometrische Untersuchungen an Bleierzen
1959, 32 Seiten, 12 Abb., 2 Tabellen, DM 9,40

HEFT 717
Prof. Dr. W. Franz, Münster
Leitungsvorgänge in Halbleitern anisotroper Struktur
1959, 30 Seiten, 9 Abb., DM 8,80

HEFT 719
Prof. Dr. phil. H. Lange und Dr. rer. nat. W. Habbel, Köln
Das spannungsoptische Bild von Stoßwellen in der elastischen Halbebene in Abhängigkeit von der Stoßdauer und der Stoßgeschwindigkeit
1959, 52 Seiten, 46 Abb., DM 35,20

HEFT 724
Prof. Dr. G. Eckart, Dr. F. Gimmel, Th. Conrady und B. Scherer, Saarbrücken
Sonderfragen bei Breitband-Schlitzantennen
1959, 32 Seiten, 3 Abb., 4 Kurvenblätter, DM 9,40

HEFT 735
Dipl.-Ing. R. Lüttmann, Essen-Steele
Wärmeaustausch bei durch Anwendung von Sintermetallen verschiedenartig ausgeführten Wärmeübertragungsflächen
1959, 27 Seiten, 13 Abb., DM 8,80

HEFT 752
Prof. Dr. W. Weizel und Dipl.-Phys. Dr. H. Hornberg, Bonn
Glimmentladungssäulen ohne Wandeinflüsse
1959, 52 Seiten, DM 41,—

HEFT 753
Prof. Dr. E. Jenckel und Dipl.-Phys. K.-H. Illers,
Aachen
Mechanische Relaxationserscheinungen in ver-
netztem und gequollenem Polystrol
1959, 92 Seiten, 49 Abb., DM 24,80

HEFT 759
Dr. C. Brunnée und Dr. L. Jenckel, Bremen
Untersuchungen und Verbesserung des Störunter-
grundes im Massenspektrometer
1960, 59 Seiten, 36 Abb., DM 17,70

HEFT 760
Dipl.-Phys. B. Franzen, Prof. Dr.-Ing. W. Fucks und
Prof. Dr. phil. G. Schmitz, Aachen
Vergleich von Korona- und Hitzdrahtanemometer
durch Messung von Turbulenzspektren
1959, 70 Seiten, 49 Abb., DM 19,90

HEFT 779
Prof. Dr.-Ing. F. Eisele und Dipl.-Phys. D. Löbell
Untersuchungen der kennzeichnenden Eigenschaften von Meßuhren und Feinzeigern
1959, 106 Seiten, 67 Abb., DM 29,20

HEFT 797
Prof. Dr. phil. H. Lange und Dr. rer. nat. R. Kohlhaas,
Köln
Über die wahre spezifische Wärme von Eisen,
Nickel und Chrom bei hohen Temperaturen
1960, 115 Seiten, 38 Abb., 24 Tabellen, DM 31,20

HEFT 829
Dr. H. Strack, Bonn
Glimmentladung im Innern eines kathodischen
Rohres
1960, 34 Seiten, 16 Abb., DM 10,30

HEFT 832
Prof. Dr. G. Ecker, D. Voslamber, Bonn
Die Impulsstreuungsmomente in kollektiven Ge-
samtheiten
1960, 49 Seiten, 4 Abb., DM 15,10

HEFT 836
H. Borchardt, Mülheim (Ruhr)
Physikalisch-technische Grundlagen der meteoro-
logischen Anwendung von Radar nach Erfahrun-
gen mit der Wetterradaranlage des Institutes für
Mikrowellen in der Deutschen Versuchsanstalt für
Luftfahrt e. V. Mülheim (Ruhr)
1960, 139 Seiten, 59 Abb., 5 Tabellen,
4 Tafeln, 5 Bildserien, DM 39,90

HEFT 853
Prof. Dr. W. Weizel und Dr. G. Albrecht, Bonn
Glimmentladungssäulen ohne Wand bei höheren
Drücken
1960, 35 Seiten, 19 Abb., DM 19,90

HEFT 857
Prof. Dr. W. Weizel und Dipl.-Phys. F. Laube, Bonn
Schichten im Faradayschen Dunkelraum der
Glimmentladung und elektrochemische Eigen-
schaften des Entladungsgases
1960, 72 Seiten, 47 Abb., DM 49,80

HEFT 862
Dipl.-Phys. Dr. W. Gerke, Bonn
Drehstromglimmentladung im Stickstoff
1960, 39 Seiten, 22 Abb., 2 Tabellen, DM 12,50

HEFT 871
Prof. Dr. W. Weizel und Dr. H. Herrmann, Köln
Betriebsbedingungen einer Glimmentladung in
aggressiven Gasen
1960, 26 Seiten, 14 Abb., DM 14,—

HEFT 872
Prof. Dr. W. Weizel und Dr. H. Franke, Bonn
Untersuchungen an strömenden Stickstoffnach-
leuchtplasmen einer positiven Säule
1960, 53 Seiten, 24 Abb., DM 16,20

HEFT 904
Regierungsrat Dipl.-Ing. Otto Adam, Forschungs-
institut für Verfahrenstechnik an der Technischen
Hochschule Aachen
Untersuchung über die Vorgänge in feststoff-
beladenen Gasströmen
1960, 166 Seiten, 86 Abb., 3 Tabellen, DM 48,20

HEFT 926
Prof. Dr.-Ing. Helmut Wolf und Dr.-Ing. Siegfried
Heitz, Institut für theoretische Geodäsie der Universität
Bonn
Zeitliche Schwerkraft-Änderungen in ihrer Be-
deutung für die praktische Gravimetrie
1961, 70 Seiten, 14 Abb., DM 20,20

HEFT 933
Dipl.-Ing. Klaus Stamm, Laboratorium für Ultraschall
an der Technischen Hochschule Aachen
Die Vernebelung schmelzbarer Festkörper mit
Ultraschall
1960, 24 Seiten, 21 Abb., DM 9,20

HEFT 944
Dipl.-Phys. Günter Waidmann, Gesellschaft zur
Förderung der Glimmentladungsforschung e. V., Köln
Nitrierung dünner Stahlschichten mit Hilfe einer
Glimmentladung
1961, 50 Seiten, 31 Abb., 2 Tabellen, DM 16,30

HEFT 975
Prof. Dr. A. Narath, Institut für angewandte Photo-
chemie und Filmtechnik der Technischen Universität
Berlin
Über die Herstellung von Kernspuremulsionen
1961, 36 Seiten, 10 Abb., 1 Tabelle, DM 11,50

HEFT 976
Dipl.-Phys. Horst Küppers, Institut für Theoretische Physik der Universität Köln
Die Untersuchung der Ausbreitung von Stoßwellen in Platten auf schlierenoptischem und spannungsoptischem Wege
1961, 62 Seiten, 77 Abb., 5 Tabellen, DM 44,60

HEFT 983
Prof. Dr.-Ing. Paul Hadlatsch, Aerodynamisches Institut, Aachen
Berechnung der Druckwellen in Brennstoffeinspritzsystemen und in hydraulischen Ventilsteuerungen
1961, 108 Seiten, 31 Abb., DM 33,90

HEFT 985
Dr. Hans Strack, Gesellschaft zur Förderung der Glimmentladungsforschung e. V., Köln
Temperaturmessung in Glimmentladungen
1962, 44 Seiten, 18 Abb., DM 14,30

HEFT 986
Dr.-Ing. Jameel Ahmad Khan, Aerodynamisches Institut der Technischen Hochschule Aachen
Untersuchungen zur instationären Strömung durch unstetige Querschnittsänderungen in Druckleitungen von Einspritzsystemen
1961, 76 Seiten, 47 Abb., 1 Tab., DM 28,60

HEFT 987
Dr.-Ing. Wilhelm Bosch, Aerodynamisches Institut der Technischen Hochschule Aachen
Untersuchungen zur instationären reibenden Strömung in Druckleitungen von Einspritzsystemen
1961, 56 Seiten, 37 Abb., DM 20,—

HEFT 988
Dr.-Ing. Werner Wilhelm und Dipl.-Ing. Rudolf Jürgler, Aerodynamisches Institut der Technischen Hochschule Aachen
Nichtstationäre, eindimensionale und reibungsfreie Gasströmung schwach kompressibler Medien in Rohren mit einigen unstetigen Querschnittsänderungen
1961, 70 Seiten, 17 Abb., DM 21,50

HEFT 989
Dr.-Ing. Werner Wilhelm, Aerodynamisches Institut der Technischen Hochschule Aachen
Einfluß der Spülkanalabmessungen auf den Ladungswechsel kurbelkastengespülter Zweitakt-Motoren
1961, 99 Seiten, 37 Abb., 16 Tabellen, DM 35,30

HEFT 990
Dr.-Ing. Frieder Voigt, Aerodynamisches Institut der Technischen Hochschule Aachen
Vorgänge beim Start einer Überschallströmung
1961, 36 Seiten, 32 Seiten Bildanhang, DM 23,20

HEFT 991
Dipl.-Ing. Werner Preukschat, Aerodynamisches Institut der Technischen Hochschule Aachen
Beschreibung eines Druckmeßgerätes, das zur Messung geringer Druckschwankungen bei hohen Frequenzen geeignet ist
1961, 22 Seiten, 14 Abb., 2 Tabellen, DM 8,80

HEFT 1001
Dipl.-Phys. Dr. rer. nat. G. Langner, Institut für Elektronenmikroskopie an der Medizinischen Akademie Düsseldorf
Die Informationsübertragung bei der Mikroskopie mit Röntgenstrahlen
1961, 126 Seiten, 7 Abb., DM 37,—

HEFT 1013
Prof. Dr. phil. H. Lange, Dr. rer. nat. K. H. Schmidt, Köln
Theoretische und experimentelle Untersuchung der Strahlengeometrie bei Texturgonoimetern
1961, 120 Seiten, 52 Abb., DM 38,30

HEFT 1014
Prof. Dr. phil. H. Lange, Dr.-Ing. E. Müller, Institut für Theoretische Physik der Universität Köln
Verfahren zur Bestimmung der Gleich- und Wechselfeldmagnetisierung kleiner Proben. Untersuchungen im System der Nickel-Zink-Ferrite
1961, 90 Seiten, 20 Abb., 34 Tab., DM 37,20

HEFT 1034
Dipl.-Phys. Bernd Klüser, Institut für Theoretische Physik der Universität Bonn
Aufteilung der Entladungsenergie auf die Elektronen einer Glimmentladung
1961, 33 Seiten, 21 Abb., DM 12,60

HEFT 1038
Dipl.-Phys. H. Wichmann, Prof. Dr. phil. W. Weizel, Gesellschaft zur Förderung der Glimmentladungsforschung e. V., Institut Köln
Der Einfluß einer Glimmentladung auf die Permeation von Gasen durch Metalle
1961, 58 Seiten, 28 Abb., 11 Skizzen, 2 Tab., DM 22,80

HEFT 1062
Dr.-Ing. H. Pfeiffer, Aerodynamisches Institut der Techn. Hochschule Aachen
Strömungsuntersuchungen an Kreiszylindern bei hohen Geschwindigkeiten
1962, 74 Seiten, 53 Abb., DM 26,—

HEFT 1074
*Prof. Dr. rer. techn. Fritz Reutter, Dr. rer. nat.
Gerhard Patzelt, Institut für Geometrie und Praktische
Mathematik der Rhein.-Westf. Techn. Hochschule
Aachen*
Mathematische Behandlung einer angenäherten
quasilinearen Potentialgleichung der ebenen kom-
pressiblen Strömung
1962, 87 Seiten, 15 Abb., 10 Tab., DM 53,—

HEFT 1080
*Prof. Dr.-Ing. Ludolf Engel, Institut für Maschinen-
wesen und Elektrotechnik der Bergakademie Clausthal,
Clausthal-Zellerfeld*
Theorie der handgeführten schlagenden Druck-
luftwerkzeuge und experimentelle Untersuchungen
insbesondere an Abbauhämmern im normalen
und abnormalen Betrieb
1962, 86 Seiten, 53 Abb., 4 Tab., DM 39,—

HEFT 1098
*Dr. Gerhard Albrecht und Prof. Dr. Günter Ecker,
Institut für Theoretische Physik der Universität Bonn*
Die positive Säule unter dem Einfluß negativer
Ionen
1962, 21 Seiten, 5 Abb., DM 11,80

HEFT 1104
*Dr. rer. nat. Rudolf Kohlhaas, Dipl.-Physiker Martin
Braun, Institut für Theoretische Physik der Universität
Köln Abteilung für Metallphysik, Köln*
Die grundlegenden kalorimetrischen Auswerteme-
thoden. Herleitung der thermodynamischen Funk-
tionen des reinen Eisens auf Gund von Messungen
an einem Eisen-Mangan-System nach dem Verfahren der verzögerten Mischkalorimetrie
1962, 110 Seiten, 29 Abb., zahlr. Tab., DM 59,—

HEFT 1105
*Prof. Dr. phil. Heinrich Lange, Dr. rer. nat. Franz
Josef In der Smitten, Institut für Theoretische Physik
der Universität Köln, Abteilung für Metallphysik, Köln*
Untersuchungen über das magnetische Verhalten
dünner Schichten von $-Fe_2O_3$ bei kurzzeitiger Feld-
einwirkung
1962, 68 Seiten, 29 Abb., DM 30,20

HEFT 1107
*Paul Thomas, Institut für Theoretische Physik der Uni-
versität Bonn*
Leuchtende Schichten im Faradayschen Dunkelraum der Glimmentladung in Brom-Argon-Ge-
mischen
1962, 34 Seiten, 12 Abb., 8 Tab., DM 14,80

HEFT 1124
*Prof. Dr. G. Ecker, cand. phys. W. Kröll, Dipl.-Phys.
O. Zöller, Institut für Theoretische Physik der Uni-
versität Bonn*
Fehlerabschätzung für Messungen mit magnetischen
Sonden
1962, 24 Seiten, 8 Abb., 31 Tab., DM 12,—

HEFT 1144
*Prof. Dr. phil. H. Bittel, Dr. rer. nat. K. A. Hempel,
Institut für angewandte Physik der Universität Münster*
Untersuchungen zur ferrimagnetischen Resonanz
an Ferriten bei 10 und 24 GHz

HEFT 1163
*Prof. Dr. phil. H. Bittel, Institut für angewandte
Physik der Universität Münster*
Untersuchungen über das Rauschen strombelaste-
ter Leiter
In Vorbereitung

HEFT 1168
*Prof. Max Friedrich, Forschungsstelle für Brandschutz-
technik an der Techn. Hochschule Karlsruhe*
Untersuchungen über das Verhalten und die Wir-
kungsweise verschiedener Trockenlöschmittel
In Vorbereitung

HEFT 1175
*Dipl.-Ing. Klaus-Dieter Becker, Dr. rer. nat. Erhard
Meister, Universität Saarbrücken*
Beitrag zur Theorie des Strahlungsfeldes dielek-
trischer Antennen
In Vorbereitung

HEFT 1176
*Dipl.-Phys. Alexander Wasiljeff, Universität Saar-
brücken*
Breitbandimpedanzstudien an Ringschlitzantennen
im cm-Wellenbereich
In Vorbereitung

HEFT 1183
*Prof. Dr.-Ing. Eduard Pestel, Institut für Mechanik der
Technischen Hochschule Hannover, im Auftrage des
Vereins Deutscher Ingenieure – Kommission Reinhaltung
der Luft –*
Strömungstechnische Untersuchungen von Staub-
niederschlagmeßgeräten
In Vorbereitung

HEFT 1220
*Dipl.-Phys. Walter Hermsen, Dr. phil. Friedrich
Kuhn, Staatliches Materialprüfungsamt Nordrhein-
Westfalen in Dortmund, Leiter: Prof. Dr.-Ing. habil.
Wilhelm Bischof*
Untersuchungen über die Verhinderung von Rand-
überstrahlungen in Röntgenbildern durch Vor-
filterung der Röntgenstrahlen
In Vorbereitung

HEFT 1221
*Prof. Dr. G. Ecker, cand. phys. W. Kröll, Institut für
theoretische Physik der Universität Bonn*
Erniedrigung der Ionisierungsenergie in einem
Plasma

Ein Gesamtverzeichnis der Forschungsberichte, die folgende Gebiete umfassen, kann bei Bedarf vom Verlag angefordert werden:
Azetylen/Schweißtechnik – Arbeitswissenschaft – Bau/Steine/Erden – Bauwirtschaft – Bergbau – Biologie – Chemie – Eisenverarbeitende Industrie – Elektrotechnik/Optik – Energiewirtschaft – Fahrzeugbau/Gasmotoren – Farbe/Papier/Photographie – Fertigung – Funktechnik/Astronomie – Gaswirtschaft – Holzbearbeitung – Hüttenwesen/Werkstoffkunde – Kunststoffe – Luftfahrt/Flugwissenschaften – Luftreinhaltung – Maschinenbau – Mathematik – Medizin/Pharmakologie/NE-Metalle – Physik – Rationalisierung – Schall/Ultraschall – Schiffahrt – Textiltechnik/Faserforschung/Wäschereiforschung – Turbinen – Verkehr – Wirtschaftswissenschaft.

WESTDEUTSCHER VERLAG · KÖLN UND OPLADEN
567 Opladen/Rhld., Ophovener Straße 1-3

GPSR Compliance
The European Union's (EU) General Product Safety Regulation (GPSR) is a set
of rules that requires consumer products to be safe and our obligations to
ensure this.

If you have any concerns about our products, you can contact us on

ProductSafety@springernature.com

In case Publisher is established outside the EU, the EU authorized
representative is:

Springer Nature Customer Service Center GmbH
Europaplatz 3
69115 Heidelberg, Germany